Mohammed Adam Abbas Hamad

Biogás, um bioproduto para aumentar a resistência das mulheres às alterações climáticas

Mohammed Adam Abbas Hamad

Biogás, um bioproduto para aumentar a resistência das mulheres às alterações climáticas

ScienciaScripts

Imprint

Any brand names and product names mentioned in this book are subject to trademark, brand or patent protection and are trademarks or registered trademarks of their respective holders. The use of brand names, product names, common names, trade names, product descriptions etc. even without a particular marking in this work is in no way to be construed to mean that such names may be regarded as unrestricted in respect of trademark and brand protection legislation and could thus be used by anyone.

Cover image: www.ingimage.com

This book is a translation from the original published under ISBN 978-3-330-35209-4.

Publisher:
Sciencia Scripts
is a trademark of
Dodo Books Indian Ocean Ltd. and OmniScriptum S.R.L publishing group

120 High Road, East Finchley, London, N2 9ED, United Kingdom
Str. Armeneasca 28/1, office 1, Chisinau MD-2012, Republic of Moldova, Europe
Printed at: see last page
ISBN: 978-620-7-66580-8

RESUMO

A presente pesquisa foi realizada durante as estações 2013/214 e 2014/2015 com o objetivo de investigar os efeitos da aplicação do efluente do subproduto do biogás como fertilizante nas hortas das mulheres. As metodologias empreendidas incluíram a recolha de dados primários, composta por uma avaliação rural participativa, tendo sido entrevistadas 46 mulheres beneficiárias do biogás. Os dados secundários foram recolhidos em institutos relevantes, artigos científicos e sítios Web autenticados. Diferentes concentrações de fertilizante de subproduto do biogás (Zero, $0,5m^3$, lm^3, e $1,5m^3$) foram implementadas em 12 parcelas e 3 réplicas em cada parcela como réplica. Foram plantados dois tipos de legumes, um representando legume de fruto (quiabo: *Abelmoschus esculentus L. Moench*) e o outro legume de folha (malva-judia: *Corchorus olitorius* L.). A experiência foi efectuada durante duas épocas sucessivas. Os parâmetros medidos foram principalmente o peso fresco das vagens, o número de vagens por planta, a altura da planta, a área foliar, etc. Os dados foram analisados utilizando o programa Statistix8 e o MSTATC para comparação entre estações.

Os resultados obtidos mostraram que o peso fresco (ton/ha) aumentou com o aumento da concentração de fertilizante nas duas estações, o que foi significativo. Para o quiabo, os aumentos no peso fresco das vagens com o aumento da concentração de fertilizante foram: 0,93, 0,98, 1,31, 1,40, para a primeira época e 0,92, 0,95, 1,26, e 1,38 para a segunda época, respetivamente. Os aumentos de mellow para a primeira e segunda épocas foram: 14,1, 13,9, 17,3, e 21,6 ton/h, 13,1, 12,9, 15,6, e 21,1 ton/ h, respetivamente. Também se obtiveram aumentos significativos para os outros parâmetros, exceto para a altura das plantas de quiabo na segunda estação. Também foram detectadas interacções significativas entre o tratamento e a estação para ambos os tipos de produtos hortícolas. As poupanças de dinheiro com a venda dos excedentes de produtos hortícolas foram significativas. Concluiu-se que a tecnologia aplicada ao biogás teve um impacto significativo na melhoria do estilo de vida rural e que o empoderamento das mulheres pode ser reforçado através da produção sustentável de hortas domésticas utilizando fertilizante de biogás.

Índice

Capítulo 1

1. Introdução

1.1 Antecedentes

O Sudão enfrenta uma verdadeira degradação devido a factores combinados, como a seca, a desertificação, o sobrepastoreio, a extensão das terras de cultivo, a produção de lenha e de carvão vegetal, etc., bem como o esgotamento dos recursos florestais, e é um país potencialmente rico, com recursos energéticos renováveis abundantes, diversificados e não explorados, que ainda não foram utilizados para melhorar os meios de subsistência da grande maioria da sua população (Parawira, 2009). As comunidades rurais das zonas vulneráveis necessitam urgentemente de abordagens e métodos para avaliar e propor estratégias de reforço da resiliência a este fenómeno (Djalante e Thomalla, 2011).

A tecnologia do biogás aparece como uma fonte de energia alternativa no Sudão e oferece oportunidades de envolvimento no programa de desenvolvimento do mercado, é um conceito de harmonização do desenvolvimento socioeconómico e do mecanismo de proteção ambiental (Koottatep et al. 2005). O estrume de gado, os excrementos humanos e os resíduos agrícolas são utilizados em bioreactores anaeróbicos em muitas partes do mundo para produzir gás metano, que é utilizado para cozinhar, iluminar e plantar legumes (Gautam et al. 2009). Esta tecnologia pode ajudar significativamente as comunidades a resolver as suas dificuldades económicas, ambientais, de saúde e energéticas, conduzindo a uma qualidade de vida muito melhor se a tecnologia for utilizada corretamente pelos beneficiários (Taylor et al. 2010).

As mulheres rurais representam os grupos mais vulneráveis à variabilidade climática nas comunidades rurais dos países em desenvolvimento, o que se deve ao facto de serem mais pobres, menos instruídas, terem um estado de saúde mais baixo e terem um acesso direto limitado à propriedade dos recursos naturais (Chindarkar, 2012) e de a variabilidade climática afetar as suas fontes de subsistência (Ketlhoilwe 2013), pelo que o reforço da resiliência das mulheres aos efeitos das alterações climáticas é sugerido como uma estratégia de adaptação às alterações climáticas. Para o conseguir de forma eficaz, é necessário, em primeiro lugar, apoiar e promover as mulheres que se dedicam ao cultivo em herdades para a produção de produtos alimentares comercializáveis, e formá-las. As estratégias de adaptação humana continuam a ser uma parte insatisfatoriamente estudada do tema das alterações climáticas no Sudão (Berkes e Jolly, 2002).

1.2 Justificação da investigação

A horticultura de quintal é uma prática comum nas zonas rurais de sequeiro do Estado do Cordofão Ocidental (Sudão Ocidental). A grande maioria das mulheres rurais da área de estudo está envolvida, em graus variáveis, na produção de culturas de quintal (cereais e legumes) devido à sua proximidade de casa ou da aldeia. A dimensão média da área da horta doméstica (conhecida localmente como Jubraka) varia entre menos de 0,5 feddan e um feddan. Esta proximidade da casa ou da aldeia permite que as mulheres passem o seu tempo livre em actividades fora de casa para produzir legumes para consumo familiar. Neste estudo, temos de nos concentrar no apoio e na promoção das mulheres envolvidas no cultivo de culturas caseiras para a produção de produtos alimentares comercializáveis, a fim de colmatar as carências alimentares e de rendimento do agregado familiar.

Os rendimentos das culturas cultivadas na Jubraka são baixos porque a precipitação é baixa e errática, além da adoção de práticas culturais inadequadas (como o uso de sementes de baixa qualidade, baixa fertilidade do solo, falta de conservação adequada do solo e da água). A irregularidade das chuvas (volume e distribuição) é um dos principais fatores limitantes da produção agrícola de Jubraka. O presente estudo foi iniciado com o objetivo de melhorar a produção de jubraka de legumes utilizando o biogás como fertilizante de boa qualidade. O fornecimento de uma alternativa de produção de energia a partir do biogás para cozinhar pouparia às mulheres o fardo de procurar lenha e de gastar muito tempo na preparação das refeições.

Na área de estudo existe uma boa riqueza animal que proporciona um enorme potencial de biomassa para o funcionamento do biogás.

1.3 Objectivos da investigação

O objetivo geral desta investigação é melhorar a capacidade de resistência das mulheres às alterações climáticas e garantir a segurança alimentar. Os objectivos específicos são:

1. Investigar o efeito da aplicação de fertilizante de bioprodutos de biogás nas hortas das mulheres.

2. Estudar os aspectos económicos da produção melhorada de *Jubaraka* nos meios de subsistência da família.

1.4 Hipótese de investigação

Olá: O desempenho da unidade de biogás depende do número de animais que as mulheres possuem

H2: a aplicação de fertilizantes de boa qualidade nas hortas das mulheres aumentaria a produção, melhoraria o nível nutricional e o rendimento familiar.

1.5 Processo de investigação

Figura 1: Procedimento de investigação do estudo (desenvolvido a partir de (Campbell *etal.*, 2002).

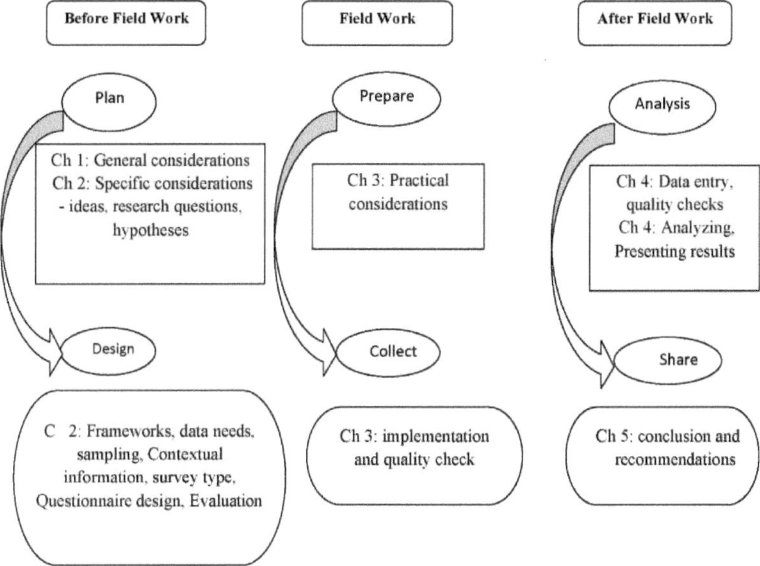

Figura 1: apresenta uma visão geral esquemática do processo de investigação do presente estudo. Os capítulos 1-2 centram-se nas actividades e considerações que devem começar antes do trabalho de campo, os capítulos 3 centram-se nas actividades e questões durante o trabalho de campo e os capítulos 4-5 nas actividades pós-trabalho de campo. Fonte: desenvolvido a partir de (Campbell et al. 2002)

Capítulo 2

Revisão da literatura

2.1 Alterações climáticas

2.1.1 Impactos das alterações climáticas nos aspectos físicos

A África Subsariana (ASS) é considerada a região mais vulnerável à variabilidade climática atual e futura (Wossen *et al.*, 2014). As alterações climáticas, embora sejam um fenómeno natural, foram aceleradas pelas actividades humanas (O'Brien *et al.*, 2006) e tornaram-se cada vez mais "carregadas" nos últimos 30 anos (Hansen, Sato e Ruedy, 2012). As alterações climáticas são consideradas um problema de "segurança" e especula-se que as alterações climáticas podem aumentar o risco de conflitos violentos (Barnett e Adger, 2007).

Os impactos do aquecimento já podem ser observados em muitos locais, desde a subida do nível do mar ao derretimento da neve e do gelo e à alteração dos padrões meteorológicos (Vijayavenkataraman et al. 2012).As alterações climáticas põem em perigo a saúde humana, afectando todos os sectores da sociedade e da produção, tanto a nível nacional como mundial (Taylor & Moser 2014). As consequências ambientais das alterações climáticas, tanto as já observadas como as previstas, como a subida do nível do mar, as alterações na precipitação que resultam em inundações e secas, as ondas de calor, furacões e tempestades mais intensas e a degradação da qualidade do ar (Change 2010). Os dados sugerem que os diferentes mecanismos relacionados com as alterações climáticas, como a exposição ao calor, a poluição atmosférica, a exposição a produtos químicos, a redução do acesso aos alimentos, as condições meteorológicas extremas e as doenças infecciosas sensíveis ao clima, terão impactos profundos na saúde (Karagiannidis & Perkoulidis 2011). (Preet et al. 2010) observa que as temperaturas aumentarão; as estações tornar-se-ão mais quentes; as chuvas monçónicas e os ciclones serão mais intensos e mais frequentes; as inundações pluviais e as grandes secas aumentarão; a erosão das margens dos rios continuará; e a disponibilidade de água subterrânea e a segurança alimentar serão afectadas (Alston et al. 2014).

2.1.2 Impactos na segurança alimentar

A seca e as perturbações climáticas podem contribuir significativamente para o desenvolvimento da desertificação, que é causada principalmente por actividades humanas inadequadas às condições locais, tais como o sobrepastoreio, a limpeza das terras e a exploração excessiva de terras cultivadas e naturais (El & Muneer 2008). As alterações climáticas afectam diretamente a produção agrícola, uma vez que a agricultura é inerentemente sensível às condições climáticas e é um dos sectores mais vulneráveis aos riscos e ao impacto das alterações climáticas globais (Rositah 2006).

As alterações climáticas globais resultam na redução da produção alimentar, conduzindo a um aumento dos preços dos alimentos e tornando-os menos acessíveis para as pessoas pobres. Os impactos são mais prováveis nos países em desenvolvimento "em grande parte devido à baixa capacidade de adaptação das populações, associada a infra-estruturas frágeis" (Babiker 2012), a estabilidade de sistemas alimentares inteiros pode estar em risco devido às alterações climáticas, devido à variabilidade a curto prazo da oferta (Wheeler & von Braun 2013). São as alterações locais e regionais que afectam diretamente as pessoas e os ecossistemas e que constituem uma preocupação imediata para os cientistas, gestores e decisores políticos (Girvetz et al. 2009). Tem efeitos diferentes entre homens e mulheres (Swai et al. 2012). Prevê-se que todas as populações sejam afectadas por um clima em mudança que afectará inevitavelmente os requisitos básicos para a manutenção da saúde: ar puro, água, alimentos e abrigo. Os impactos das alterações climáticas variam consoante os diferentes grupos sociais, sendo os pobres e os grupos marginalizados os mais afectados. De facto, as comunidades rurais dos países em desenvolvimento, em especial as mulheres que residem nas montanhas, nas zonas áridas e semiáridas e nas zonas costeiras, que dependem sobretudo dos recursos naturais para a sua subsistência, serão gravemente afectadas devido às variações climáticas e aos fenómenos climáticos extremos (Rajesh et al. 2014).

2.1.3 Adaptação às alterações climáticas

A adaptação é um processo de mudança deliberada em antecipação ou em reação a estímulos e stress externos (Nelson et al. 2007). A adaptação humana às alterações climáticas deve basear-se em modelos realistas de comportamento adaptativo ao nível das organizações e dos indivíduos (Berkhout et al. 2006). A adaptação da agricultura às alterações climáticas é importante para a avaliação do impacte e da vulnerabilidade e para o desenvolvimento de políticas em matéria de alterações climáticas (Smit & Skinner 2002). Com a evidência das alterações climáticas, uma atenção considerável voltou-se para a previsão do destino das árvores, das florestas e da produção agrícola (Aitken et al. 2008).

O planeamento da adaptação no sector florestal é importante por três razões principais: (1) as alterações climáticas já estão a ocorrer em algumas regiões onde as comunidades florestais e os ecossistemas florestais são vulneráveis; (2) mesmo com medidas agressivas para controlar as emissões de gases com efeito de estufa, as actuais concentrações de gases com efeito de estufa na atmosfera comprometem a Terra com alterações climáticas contínuas; e (3) as abordagens proactivas à adaptação têm mais probabilidades de evitar ou reduzir os impactos negativos das alterações climáticas do que as respostas reactivas (Dankelman et al. 2008). O ritmo natural das alterações ambientais e da adaptação, a probabilidade de uma população se adaptar a uma alteração potencialmente letal e a adaptação ao CO2 elevado, o principal motor das alterações globais (Bell &

Collins 2008). O IPCC tem feito declarações cada vez mais definitivas sobre os impactos humanos no clima (Treut et al. 2007) para obter uma compreensão e quantificação mais profundas destes processos e da sua incorporação no clima. Os agricultores têm várias estratégias de adaptação em resposta à incerteza e ao declínio esperado da produtividade das culturas, tais como

1. **Mudança na variedade da cultura**. Os agricultores mudam as variedades de uma determinada cultura em função das condições de precipitação (Deressa *et al.*, 2009; Smit e Skinner, 2002). As mudanças dizem respeito principalmente a uma mudança de variedades de longa para curta duração. Isto indica a importância da investigação agrícola no fornecimento de tecnologia adequada para uma adaptação efectiva à variabilidade da precipitação.

2. **Ajustamento das datas de plantação**. O ajustamento das datas de plantação como estratégia de resposta à variação sazonal da precipitação foi registado no nosso país.

3. **Plantação em sequeiro.** Existe um método conhecido localmente como "*El remail*", que significa a plantação de culturas sem qualquer precipitação. Atualmente, esta técnica é bastante comum entre os agricultores do Cordofão, que utilizam a plantação em seco antes do início da chuva, a fim de apanhar o primeiro aguaceiro. No entanto, a técnica de plantação a seco é arriscada, dado que as sementes podem apodrecer se a humidade não for suficiente para a germinação durante as primeiras semanas da estação das chuvas.

4. **Diversificação do rendimento através de actividades não agrícolas**. Os agregados familiares diversificam o rendimento a partir de diferentes fontes, particularmente de actividades fora da exploração agrícola; estas incluem o pequeno comércio, a preparação de bebidas locais e a venda de mão de obra não qualificada. Os conhecimentos actuais sobre a adaptação e a capacidade de adaptação são insuficientes para uma previsão fiável da adaptação, sendo também insuficientes para a avaliação regional das opções de adaptação planeadas (Smith Barry & Olga 2001).

5. **Venda de animais**, venda de animais como estratégia de sobrevivência a curto prazo durante uma escassez alimentar abrupta.

6. **Migração**. A migração é um mecanismo de sobrevivência utilizado ao longo da história pelas sociedades sudanesas como parte das suas estratégias de utilização dos recursos e como forma de fazer face à variabilidade da precipitação. Migração para familiares de áreas afectadas (pouco produtivas) para áreas não afectadas (altamente produtivas).

7. **Acesso a programas de ajuda**. O auxílio sob a forma de dinheiro ou alimentos é uma ajuda comum prestada por organizações governamentais e não-governamentais nas regiões norte e centro do país sob a forma de alimentos por trabalho ou distribuição gratuita.

8. **Redução da densidade das sementes**. Um dos problemas críticos do insucesso das culturas é a

falta de sementes para a estação de cultivo seguinte. Isto deve-se ao facto de o fornecimento de sementes se basear geralmente no rendimento da cultura da época anterior.

9. **Acesso ao microcrédito**. O crédito refere-se a adiantamentos, quer em dinheiro quer em insumos agrícolas, aos agricultores, a serem reembolsados numa data posterior acordada. Os agricultores podem aceder ao crédito junto de organizações governamentais e/ou não governamentais em caso de quebra de colheitas.

10. **Utilizar o sistema tradicional de segurança social**. Este sistema é uma das estratégias de segurança social mais importantes para nos ajudarmos uns aos outros. O sistema funciona no âmbito de redes familiares alargadas e de parentesco em que há uma partilha obrigatória de recursos.

2.1.4 Empoderamento das mulheres e resiliência às alterações climáticas

As mulheres rurais em África dependem predominantemente da agricultura de subsistência e dos produtos naturais da natureza (ambiente natural).

70-90% dos africanos ainda vivem em zonas rurais e 25-30% dos agregados familiares rurais são chefiados por mulheres (Kabadaki 1994). A participação das mulheres no processo de desenvolvimento tem sido limitada pelo ambiente político, pelo contexto sociocultural e pelas iniciativas das mulheres (Meena 1992). As mulheres representam até 51% da população em África, com mais de 70% a viver em zonas rurais e a explorar os recursos naturais para melhorar os meios de subsistência das suas famílias (Awono et al. 2010).

O conceito de "empoderamento" pode ser definido como a expansão da capacidade das pessoas para fazerem escolhas estratégicas de vida, particularmente em contextos em que essa capacidade lhes tinha sido negada (Arch 2012). Outra definição de empoderamento é um processo de negociações constantes com base nas necessidades contextuais (Ali 2014), também definido como um processo pelo qual a vida das mulheres e das raparigas é transformada de uma situação em que têm poder e acesso limitado a bens para uma situação em que experimentam um avanço económico, e o seu poder e agência são reforçados (Pereznieto et al. 2014). O terceiro Objetivo de Desenvolvimento do Milénio (ODM3), adotado como parte da Declaração do Milénio das Nações Unidas em 2000, visa explicitamente promover a igualdade entre homens e mulheres e o empoderamento das mulheres. As conferências internacionais das Nações Unidas destacaram o papel fundamental das mulheres na garantia do desenvolvimento sustentável. No contexto das alterações climáticas, as mulheres são as mais afectadas, embora disponham de conhecimentos e competências para se orientarem para actividades de adaptação às alterações climáticas nas suas sociedades (Preet et al. 2010). O objetivo de promover a equidade de género não é apenas melhorar o bem-estar das mulheres e das raparigas

(Mohammad et al. 2013), mas também promover um comportamento respeitoso e solidário entre os géneros.

Os cinco domínios para medir o empoderamento das mulheres são a produção agrícola, os recursos, o rendimento, a liderança e o tempo. Trata-se de uma medida de empoderamento e não de desempoderamento que mostra em quantos domínios as mulheres são empoderadas. Os indicadores de domínio baseiam-se nas seguintes definições.

- Produção: tomada de decisões conjuntas em matéria de agricultura alimentar e de culturas de rendimento, pecuária e pesca, bem como autonomia na produção agrícola.

- Recursos: Propriedade, acesso e poder de decisão sobre os recursos produtivos, tais como terra, gado, equipamento agrícola, bens de consumo duradouros e crédito.

- Receitas: controlo conjunto das receitas e despesas.

- Liderança: Participação em grupos económicos ou sociais e facilidade em falar em público.

- Tempo: Atribuição de tempo a tarefas produtivas e domésticas e satisfação com o tempo disponível para actividades de lazer. Uma mulher é definida como empoderada se tiver resultados adequados em quatro dos cinco domínios ou se for empoderada em alguma combinação dos indicadores ponderados que reflictam 80 por cento de adequação total (Arch 2012).

Uma inovação fundamental do índice é o facto de ser capaz de mostrar em quantos domínios as mulheres estão empoderadas e, ao mesmo tempo, revelar as ligações entre áreas de desempoderamento. Isto permite que os decisores se concentrem em melhorar a situação das mulheres mais desfavorecidas.

Reconhecemos que é difícil medir o empoderamento das mulheres porque o processo de empoderamento não é diretamente observável e tem de ser descrito através de indicadores de substituição, medidas indirectas ou sinais (Carter et al. 2014). No entanto, os aspectos de género raramente são abordados nas políticas relativas às alterações climáticas, quer a nível nacional quer internacional (Hemmati & Rohr 2009). Para se adaptar às alterações climáticas e garantir a segurança alimentar, são necessárias grandes intervenções para transformar os actuais padrões e práticas de produção, distribuição e consumo de alimentos (Beddington et al. 2012).

Há falta de consenso e talvez de compreensão sobre a forma como o género pode ser integrado na conceção dos programas de desenvolvimento (Huq & Moyeen 2011). As pessoas podem autonomizar-se quando adquirem conhecimentos sobre as condições que mantêm a opressão (Henry 2011). A literatura recente sobre o aumento da igualdade de género identificou vários factores que promovem o empoderamento feminino, sendo os quatro factores seguintes particularmente importantes: (1) desenvolvimento socioeconómico; (2) aumento das atitudes igualitárias de género que transformam o desenvolvimento económico num processo cultural de desenvolvimento humano; (3) legados históricos decorrentes das tradições culturais e políticas de uma sociedade; e (4) factores de conceção institucional. No entanto, a literatura não analisou o impacto diferencial destes quatro factores em diferentes aspectos e fases da igualdade de género (Alexander & Welzel 2007).

O empoderamento das mulheres pode ser dividido nos seguintes aspectos: sentimento de segurança e orientação para o futuro, capacidade de rendimento, competência para participar ativamente na vida pública de forma eficaz, poder de tomar decisões no próprio agregado familiar, participação em grupos não familiares e utilização de grupos de solidariedade como fontes de informação e recursos de apoio, mobilidade e visibilidade na comunidade (Huq & Moyeen 2011).

A formação desempenha um papel vital na capacitação dos recursos das mulheres e, em última análise, contribui para a produtividade da área onde é conduzida, a extensão agrícola desempenha um papel importante a este respeito, aumentando a conscientização através dos esforços dos serviços de extensão nas comunidades rurais (Ahmad et al. 2007). A transferência positiva da formação é definida como o grau em que os formandos aplicam efetivamente os conhecimentos, competências e atitudes adquiridos na formação para o trabalho (Jaidev & Chirayath 2012). Os métodos de extensão são algumas das ferramentas utilizadas para introduzir e divulgar tecnologias melhoradas e mais recentes nas comunidades agrícolas (A. Khan et al. 2009).

É amplamente aceite que os projectos de desenvolvimento se centram no poder e no aumento da participação na tomada de decisões. Atualmente, aceita-se que as mulheres podem desempenhar, e desempenham, um papel vital nos assuntos da comunidade, nomeadamente contribuindo para a segurança, o desenvolvimento e o progresso da comunidade (Hassan 2008). A prevalência do ensino superior e a maior consciencialização das mulheres, juntamente com as crescentes exigências económicas das famílias, desempenharam recentemente um papel importante na redefinição dos papéis dos géneros. Neste contexto, o papel económico das mulheres está a ser aceite e encorajado como um complemento aos seus papéis tradicionais de dona de casa e mãe (Nazneen & Sultan 2014). Nas zonas urbanas, um número crescente de mulheres tem vindo a exercer actividades de ensino, profissionais, técnicas, administrativas e de gestão, tanto no sector público como no privado. Um grande número de mulheres também criou as suas próprias empresas (Huq & Moyeen 2011). O movimento das mulheres sudanesas é dominado por mulheres com um bom nível de educação em Cartum e há pouca participação de mulheres rurais sem educação. Assim, as mulheres sudanesas não são um grupo homogéneo; diferentes crenças religiosas, posições sociais e económicas e etnias definem-nas como um grupo (Sherwood 2012).

O aumento da resiliência das mulheres às condições ambientais variáveis é frequentemente sugerido como uma estratégia de adaptação às alterações climáticas. Para o conseguir de forma eficaz, é necessário começar por compreender os factores que determinam a resiliência das mulheres e a sua importância relativa na formação da capacidade das mulheres para se adaptarem às complexidades das alterações ambientais. Os efeitos das alterações climáticas e da variabilidade afetam as suas fontes de subsistência das comunidades rurais (Ketlhoilwe 2013) e tem implicações para a sustentabilidade dessas atividades, que afetarão as mulheres e os homens de forma diferente, afetando o controlo sobre os seus meios de subsistência e segurança alimentar (Buechler 2009).Para ajudar a mitigar os efeitos negativos das alterações climáticas, as atitudes e comportamentos dos cidadãos devem ser melhor compreendidos (Scannell & Gifford 2011). As atenções centram-se na sustentabilidade das actividades agrícolas geradoras de rendimentos no Sudão, como a agricultura e as empresas de transformação caseira de frutas e legumes, que ainda predominam na região. A pobreza é tanto uma causa de vulnerabilidade como uma consequência dos impactos dos perigos (Cannon 2002).

2.2 Mulheres e jardim doméstico

A horta doméstica é uma das principais actividades agrícolas das mulheres devido à sua proximidade da casa ou da aldeia e é cultivada com culturas hortícolas (quiabo, cucurbitáceas, melancia, etc.) para consumo familiar (Jardineiros 2010).

De acordo com Williams (1994), as mulheres desempenham um papel importante na exploração agrícola, cuidando da horta, bem como da criação de vacas, enquanto os homens estão frequentemente ausentes da exploração agrícola e dependem da plantação de uma quantidade suficiente de legumes certos, na altura certa, para suprir as necessidades da família (Ahmad et al. 2007). A horta pode reduzir o orçamento alimentar da família. A produção comercial de legumes aumentou consideravelmente durante as últimas décadas em muitas partes do mundo como empresas de grande escala para abastecer o mercado de produtos frescos e exportar (Anon 2014). O cultivo de legumes é uma componente muito importante da agricultura do Sudão (Westerfield 2008). É cultivada principalmente em pequena escala (N. Khan et al. 2009).

O nível de sucesso e a produtividade da produção de legumes dependem do clima local, da estação do ano e da variedade de espécies cultivadas. O objetivo da produção de legumes varia entre empresas agrícolas de grande escala e hortas domésticas privadas, onde os legumes são elementos essenciais para complementar as suas dietas e rendimentos (Ahmad et al. 2007). Os produtos hortícolas podem ser cultivados dentro e à volta da maioria das casas; no entanto, o papel das mulheres neste domínio está adormecido. Numerosos estudos encontram uma relação positiva entre o crescimento da produção de legumes e a redução da pobreza. A produtividade dos pequenos produtores de produtos hortícolas e a sua contribuição para a economia, a segurança alimentar e a redução da pobreza dependem dos serviços prestados por ecossistemas que funcionam bem, incluindo a fertilidade do solo, o fornecimento de água doce, a polinização e o controlo de pragas.

Para muitos pequenos proprietários em comunidades rurais, a venda de hortaliças é a única saída para a economia de caixa. Mesmo em tempos de abundância de alimentos, a venda de hortaliças permite que as famílias diversifiquem suas dietas (Kariuki et al. n.d.). A diversificação das culturas pode melhorar a resiliência de várias formas: ao gerar uma maior capacidade de suprimir surtos de pragas e amortecer a transmissão de agentes patogénicos, que podem piorar em cenários climáticos futuros, bem como ao amortecer a produção agrícola dos efeitos de uma maior variabilidade climática e de fenómenos extremos (Lin 2011).

2.3 Colmatar o fosso do género no desenvolvimento

O género refere-se aos papéis sociais e às identidades associadas ao que significa ser homem ou mulher (Dahal 2013). Apesar das implicações consideráveis da investigação, a questão da integração do género no desenvolvimento não tem recebido a devida atenção na investigação académica; os papéis de género são moldados por factores ideológicos, religiosos, étnicos, económicos e culturais e são um fator determinante da distribuição de responsabilidades e recursos entre homens e mulheres (Agriculture 1975). O Índice Global de Disparidades de Género, introduzido pelo Fórum Económico Mundial em 2006, foi concebido para criar uma maior sensibilização entre um público global para os desafios colocados pelas disparidades de género e as oportunidades criadas pela sua redução (Hausmann & Tyson 2010). As mulheres são agricultoras, trabalhadoras e empresárias, mas em quase todo o mundo enfrentam constrangimentos mais graves e não têm as mesmas oportunidades que os homens no acesso aos recursos produtivos, aos mercados e aos serviços (Agriculture 1975).

O género, tal como a pobreza, é uma questão transversal às alterações climáticas e tem de ser reconhecido como tal (Shea et al. 2005). Colmatar a disparidade de género nos activos, permitindo que as mulheres possuam e controlem activos produtivos, aumenta tanto a sua produtividade como a sua autoestima. O aumento do controlo das mulheres sobre os activos (principalmente a terra, os bens físicos e financeiros) tem efeitos positivos na segurança alimentar, na nutrição infantil e na educação, bem como no bem-estar das próprias mulheres (Kariuki et al. n.d.). A eliminação das disparidades de género na agricultura e noutros sectores vitais geraria ganhos significativos para estes sectores e para a sociedade. Se as mulheres tivessem o mesmo acesso aos recursos produtivos que os homens, poderiam aumentar o rendimento das suas explorações agrícolas em 20-30%. Isto poderia aumentar a produção agrícola total nos países em desenvolvimento em 2,5 a 4%, o que, por sua vez, poderia reduzir o número de pessoas com fome no mundo em 12 a 17% (Agriculture 1975). Os ganhos potenciais variariam consoante a região, dependendo do número de mulheres atualmente envolvidas na agricultura, da quantidade de produção ou de terra que controlam e da amplitude da diferença de género que enfrentam.

As intervenções políticas podem ajudar a colmatar as disparidades entre homens e mulheres na agricultura e nos mercados de trabalho rurais. As áreas prioritárias de reforma incluem: 1. eliminar a discriminação contra as mulheres no acesso aos recursos agrícolas, à educação, aos serviços financeiros e de extensão e aos mercados de trabalho; 2. investir em tecnologias e infra-estruturas que poupem trabalho e aumentem a produtividade, a fim de libertar o tempo das mulheres para actividades mais produtivas; e 3. facilitar a participação das mulheres em mercados de trabalho rurais flexíveis, eficientes e justos. Pelo contrário, as restrições penalizam muito mais as mulheres e as mães do que os seus homólogos masculinos. Assim, quando as leis ajudam a eliminar as barreiras ao trabalho das mulheres, especialmente em certos sectores, isso encoraja as mulheres a permanecerem no mercado. Além disso, o trabalho está normalmente mais disponível em profissões onde as mulheres têm menos presença, mas as mulheres evitam muitas vezes estes empregos devido às baixas expectativas de sucesso. Por outras palavras, a eliminação das restrições pode promover a igualdade e ajudar a reduzir as disparidades de género (Alonso-almeida 2014).

2.4 Tecnologia do biogás

A recuperação de energia a partir de resíduos não é um novo campo de estudo, mas a sua implementação continua a ser um desafio em alguns países árabes (Hjort-gregersen 2008). Embora exista uma abundância de resíduos úteis, a conversão energética ainda é insignificante (Khan & Kaneesamkandi 2013). Espera-se que a bioenergia, sob a forma de biogás, que é derivado da biomassa, se torne um dos principais recursos energéticos para o desenvolvimento sustentável global (Hum & Issues 2015). O biogás é um gás inflamável produzido quando materiais orgânicos são fermentados em condições anaeróbicas (Sagagi et al. 2010). A mistura de biogás contém 40-70% (geralmente 55-65%) de metano, dióxido de carbono e vestígios de outros gases (Abbasi et al. 2012). A produção de biogás tem sido vista simplesmente como um bi-produto da digestão anaeróbica de resíduos orgânicos, tem sido muito bem sucedida e uma fonte de energia muito fiável e limpa quando são seguidos programas de gestão adequados (Arthur et al. 2011). A valorização do biogás, ou seja, a remoção do CO_2 do CH_4 é uma energia regenerativa atractiva, uma vez que é fornecida continuamente (Scholz et al. 2013). A produção de energia renovável está atualmente a receber uma atenção crescente em todo o mundo (Wirth et al. 2012).

Os dois principais produtos da tecnologia do biogás são o biogás (combustível) e o biofertilizante (fertilizante). De acordo com Matthew *et al.*, (2011) e Adewumi *et al.*, (2010), os benefícios derivados do emprego da Digestão Anaeróbica (DA) no tratamento de resíduos orgânicos são

A utilização da tecnologia do biogás no Sudão beneficiou o país na melhoria da saúde, do ambiente, da economia e da conservação de energia e reduziu a desflorestação (Gautam et al. 2009). O Sudão caracteriza-se por uma elevada dependência da energia da biomassa (lenha, carvão vegetal e resíduos agrícolas), que constitui 78% do consumo total de energia. A tecnologia do biogás trouxe benefícios para a saúde, o ambiente, a economia e a conservação de energia (Deng et al. 2014). As preocupações com a segurança energética e a necessidade de mitigar os impactes ambientais associados à produção de energia a partir de combustíveis fósseis (por exemplo, emissões de gases com efeito de estufa) aceleraram a utilização de combustíveis renováveis, como o biogás (Poeschl et al. 2012). Como energia renovável, o biogás não é apenas uma parte importante do desenvolvimento de novas energias rurais, mas também um aspeto importante do desenvolvimento sustentável no Sudão. O processo de desenvolvimento e a situação atual do biogás doméstico, especificamente as oportunidades e os constrangimentos do biogás doméstico nas zonas rurais do Sudão (Chen et al. 2010).

2.4.1 Benefícios da tecnologia do biogás

-) Pequenas explorações agrícolas e agregados familiares rurais

Energia: cozinha, iluminação, conservação de alimentos

- Poupança de lenha: proteção ambiental através da redução da desflorestação. Para mulheres e raparigas: menos tempo para a recolha de lenha, redução da vulnerabilidade em termos de riscos para a saúde, aumento do tempo para outras actividades, por exemplo, utilização de serviços de saúde, actividades geradoras de rendimentos, programas de alfabetização, etc. (Petersson 2013).

- Melhorias agrícolas nos rendimentos da produção vegetal e animal: melhoria da nutrição e aumento do rendimento familiar. Produção de fertilizantes com subsequente proteção e/ou recuperação da fertilidade do solo.

- Saneamento: eliminação controlada de estrume animal e resíduos orgânicos; recolha e reutilização de águas cinzentas; melhoria das condições de higiene e sanitárias no agregado familiar

- Saúde: redução das doenças relacionadas com as águas residuais e os resíduos sólidos; redução da exposição ao fumo e aos gases de combustão durante as horas de cozedura

- Modernidade: combustível limpo e eficaz.

- Proteção do clima.

-) Indústria de transformação alimentar em pequena escala

- Energia: água quente; transformação e conservação; produção de eletricidade renovável; redução da fatura energética.

- Poupança de lenha: proteção do ambiente através da redução da desflorestação

- Saneamento: tratamento controlado e descarga de águas residuais provenientes do processamento e da limpeza; tratamento controlado e descarga de resíduos orgânicos; produção de fertilizantes como potencial de rendimento adicional

- Modernidade: combustível limpo e eficiente

- Proteção climática

- **) Agregados familiares periurbanos e Mercados de gado, matadouros e abatedouros**

- Energia: cozinha, iluminação, transformação e conservação de alimentos, poupança de despesas energéticas.

- Poupança de lenha: proteção do ambiente através da redução da desflorestação.

- Saneamento: descarga controlada e tratamento de águas residuais, descarga controlada e tratamento de resíduos orgânicos.

- Reciclagem dos subprodutos do saneamento: matéria orgânica e água: Melhoria do ambiente urbano através de parques, flores e árvores.

- Modernidade: combustível limpo e eficaz.

- Proteção das águas subterrâneas e do clima.

A atual utilização do biogás proveniente da digestão anaeróbia é baixa em comparação com o potencial técnico (Borjesson & Ahlgren 2012). O novo método desenvolvido para avaliar o desempenho global das unidades de biogás centra-se em quatro aspectos de avaliação: produção de biogás, utilização do biogás, impacto ambiental e eficiência socioeconómica (Djatkov et al. 2012). Os agregados familiares nas zonas rurais recolhem em grande parte o seu próprio combustível, sendo as mulheres as principais responsáveis por esta tarefa. Ao investir em centrais de biogás, os agregados familiares podem poupar tempo e energia, e ter um fornecimento de chorume que pode ser utilizado como fertilizante na produção agrícola (Gwavuya et al. 2012).

Capítulo 3

3. Localização da área de estudo

O Estado do Cordofão Ocidental está localizado na parte ocidental do Sudão e situa-se na faixa de transição entre as zonas afectadas pela guerra no sul e as zonas afectadas pela seca no norte (ONU 2003), localizado nas latitudes 12 0 N e nas longitudes 28 9 E. As fronteiras do Estado são: Cordofão do Norte, Cordofão do Sul, Darfur Oriental, Darfur do Norte e Darfur do Sul (Figura 2). A área total coberta está estimada em 111.373 km^2 , estendendo-se desde a savana de baixa pluviosidade até à catena de alta pluviosidade e colina e a sua vegetação varia muito (Eltahir et al. 2015).

3.1 Características físicas

3.1.1 Precipitação

A região tem um clima variável, que vai do deserto e do semi-deserto no norte à savana rica no sul. As zonas áridas e semi-áridas cobrem a maior parte desta região (Awad et al. 2010). A parte norte é seca, com uma precipitação média de 300 mm por ano (Eltahir et al. 2015). A precipitação média no Estado é de 651 mm num ano normal e varia entre 150 mm no norte e 700 mm no sul, sendo a precipitação média para 2000 de 37,5 mm (ONU, 2003).

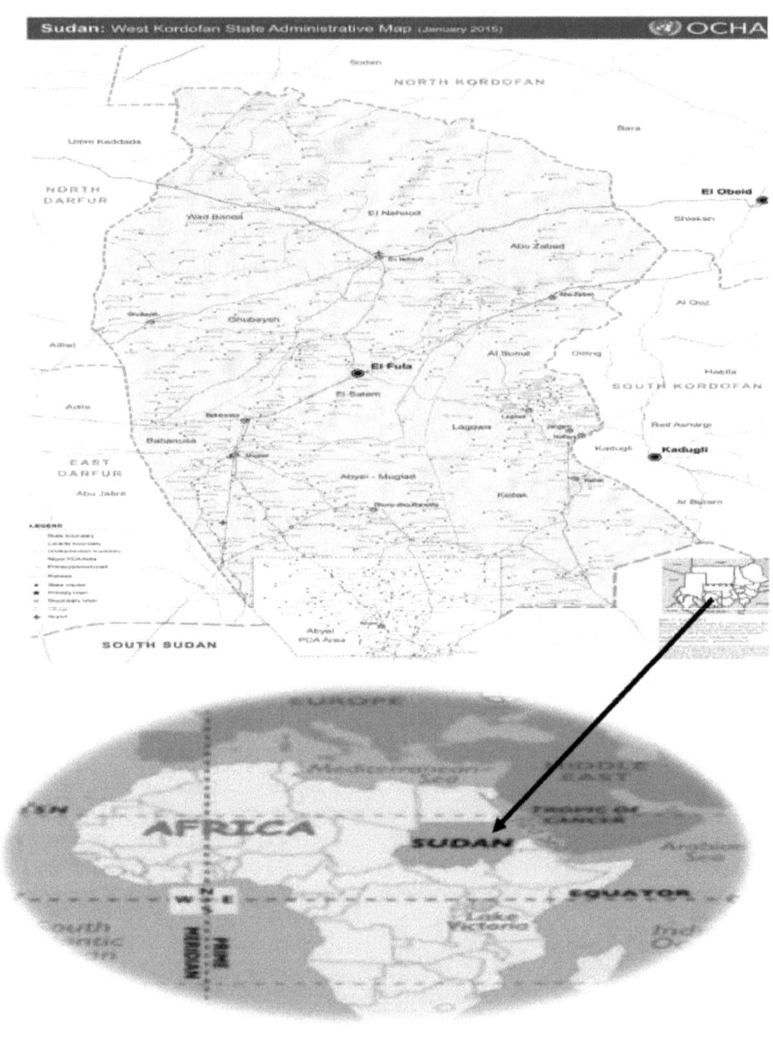

Figura 2: Localização da área de estudo (fontes; OCHA 2015)

3.1.2 Solos

Os solos da região variam entre os arenosos, no norte, e os argilosos, no sul. No meio, encontram-se os chamados solos "gardud". Os solos arenosos cobrem cerca de 60% das terras cultivadas, sendo a matéria orgânica, o azoto e o fósforo inferiores a um por cento. Os solos argilosos são escuros, fissurantes e pobres em azoto e fósforo. Os solos *gardud* são solos compactados que se encontram nos cumes altos das planícies onduladas, desenvolvidos in-situ a partir das rochas ígneas e metamórficas locais (Awad *etal.*, 2010).

3.1.3 Vegetação

A área de estudo é naturalmente dominada pelas principais gramíneas, nomeadamente Huskneet (*Cenchrusbiflorus*), Shuleny (*Zorniaglochidiata*) e Bigual (*Blepharislinarifolia*), as árvores como Humied (*Sclerocaryabirrea*), Higlig (Balanites), Arad (*Acacia etbaica*) e Sider (*Zizuphus spina*). Enquanto os arbustos incluem Kursan (*Bosciasenegalensis*), Usher (Calotropis), Mereikh (*Polygala eriotera*) e Aborakhus (*Andropogongayanus*) de acordo com MAWF, 2009 (Ishag, 2013) e Tabaldi (*Adansoniadigitata*) e Leyun (*Lanneafruticosa*).

3.1.4 Demografia

De acordo com o Censo Nacional do Sudão (SNC), a população estimada do Estado do Kordfan Ocidental era de 1.164.000 pessoas, com um crescimento médio de 1,7% por ano (Censo, 2008). A dimensão média dos agregados familiares entre a população residente é de seis pessoas; as principais actividades de subsistência encontradas na área são a agricultura e a pastorícia nómada, povoada principalmente pelas tribos Messiriya, Hamar, Dajo, Nuba e Danka Ngoog (ONU, 2003). A economia do Estado do Cordofão Ocidental depende predominantemente da produção agrícola, que consiste na agricultura de sequeiro de painço, sorgo, amendoim e melancia e na criação tradicional de gado praticada por grupos agro-pastoris e sedentários nómadas e semi-nómadas (Salih, Khaleel e Ahmed, 2014) e algumas actividades de horticultura (Ali 2004), sendo também a área caracterizada por uma grande população de gado, incluindo bovinos, ovinos, caprinos e camelos (Agriculture, 1975).

3.1.5 Efeito das alterações climáticas na área de estudo

Os arredores da área de estudo são gravemente afectados pela degradação geral dos solos, pela seca e pela desertificação. Embora não tão graves como em 2013, as inundações anuais entre julho e setembro de 2014 afectaram mais de 270.000 pessoas em 15 estados, destruindo cerca de 30.000 casas (Hum and Issues, 2015), chuvas que prejudicam a colheita. Em 2015, contudo, registou-se uma colheita acima da média devido a chuvas superiores às esperadas, enquanto o nível de 2013-14 foi 68% inferior à média de cinco anos (Hum and Issues, 2015).

As actividades humanas baseiam-se principalmente na agricultura de sequeiro; o corte de lenha, o pastoreio do gado e a seca cíclica são os principais factores de degradação dos recursos naturais. As comunidades vegetais sofreram graves alterações na sua composição ou desapareceram completamente. As dunas de areia começaram a deslocar-se e a cobrir as bolsas de argila fértil no interior da zona, com efeitos prejudiciais para as actividades hortícolas (Ali, 2004)

3.2 Seleção das aldeias e processo de amostragem

O mercado da energia doméstica rural é dominado pela lenha e pelo carvão vegetal. Foram instaladas 15 unidades de biogás em 15 agregados familiares com o objetivo de fornecer uma fonte de energia limpa, reduzir a carga de trabalho das mulheres na recolha de lenha e proporcionar condições de limpeza saudáveis no interior da cozinha, bem como reduzir a desflorestação e, consequentemente, a emissão de CO2, o principal componente dos gases com efeito de estufa. Foi realizado um projeto financiado por uma sociedade de transferência de tecnologia agrícola (ONG) para o fornecimento de unidades de biogás a agregados familiares; o projeto foi registado como Mecanismo de Energia Limpa (MDL) no âmbito da Convenção-Quadro das Nações Unidas sobre as Alterações Climáticas (CQNUAC). A presente investigação teve a oportunidade de investigar a utilização do bioproduto do biogás como fertilizante de boa qualidade nas hortas das mulheres (localmente conhecidas como Jubraka), como forma de aumentar a resiliência das mulheres às alterações climáticas. A atividade está amplamente difundida entre as mulheres, mas devido à deterioração do solo, a produtividade dos seus vegetais foi grandemente afetada.

A instalação das 15 unidades foi efectuada em duas aldeias: sete em Khammas Hagar e oito em Khammas Eldonki. Embora os 15 agregados familiares tenham beneficiado diretamente do biogás para cozinhar e para iluminação, mais mulheres da vizinhança beneficiaram do fertilizante do biogás, uma vez que 17 mulheres em Khamas *Eldonki* e 29 mulheres em Khamas *Hager*, perfazendo um total de 46 mulheres, usufruíram da aplicação do fertilizante orgânico na sua horta doméstica.

3.3 Experimentação com hortas femininas

Utilizando o Randomize Complete Block Design (RCBD), a experimentação com hortas femininas incluiu a aplicação de fertilizante de biogás com diferentes concentrações e os seus efeitos no desempenho das plantas e no rendimento dos vegetais. O terreno destinado à plantação de legumes foi dividido em 12 parcelas (2x6m) e 3 subparcelas dentro de cada parcela como réplica. Foram aplicadas diferentes concentrações de fertilizante de biogás: alta, média, baixa e zero (controlo, 0,5 m^3 , 1 m^3 e 1,5 m^3 para cada m^2). Foram plantados aleatoriamente dois tipos de legumes em cada parcela; um representando o quiabo "*Abelmoschus esculentus L. Moench*" e o outro a malva "*Corchorus olitorius* L.". As hortas femininas envolvidas nesta experiência foram 46 hortas.

3.4 Dados primários

1) Conceção do questionário

Foi elaborado um questionário padronizado para avaliar a melhoria do agregado familiar (HH). O questionário incluía informações como as fontes de rendimento das mulheres, a produção de vegetais, o tipo de dieta, o processo alimentar, os factores que influenciam as escolhas de subsistência das pessoas, a estratégia de subsistência e outros aspectos de subsistência, a comparação da procura com outros locais, o tipo de resíduos produzidos na comunidade, etc.

2) Calendário sazonal e de culturas

Este método foi utilizado para determinar os padrões e as tendências da estação ao longo do ano numa determinada área, tais como a distribuição da precipitação, a disponibilidade de alimentos, a produção agrícola, os rendimentos e as despesas, os problemas de saúde, etc. Foi preparado desenhando matrizes bidimensionais e escrevendo o período de tempo (isto é, mês, ano) num eixo e as diferentes actividades da aldeia no outro eixo. Foram colocadas questões tais como: quais são os meses mais movimentados do ano? Em que altura do ano é que os alimentos escasseiam? Como é que a disponibilidade de água para consumo humano varia ao longo do ano?

3) Classificação por pares

A classificação por pares ajuda a população rural a estabelecer prioridades (isto é, problemas, necessidades, acções, etc.). A classificação foi efectuada com informadores-chave. Este método utilizado é útil para aprender com as bases sobre as suas categorias, critérios, escolhas e prioridades

3.5 Dados secundários

Os dados secundários foram obtidos a partir de artigos publicados relevantes, livros e referências relevantes, e sítios Web autenticados

3.6 Análise dos dados

Os dados obtidos na experiência de campo para duas épocas de sucesso foram analisados utilizando o programa Statistix8 e o MSTATC para comparação entre épocas

Capítulo 4

Resultados

4.1 Actividades agrícolas

Todos os inquiridos estavam envolvidos em actividades agrícolas, cultivando cereais (sorgo e painço) ou culturas de rendimento (amendoim e sésamo) ou legumes, bem como melancias. Tanto para os cereais como para as culturas de rendimento, a sementeira era feita em junho, a limpeza das ervas daninhas em agosto e a colheita em outubro. No caso dos produtos hortícolas, a sementeira era feita em abril, a transplantação em maio e a colheita em agosto. No caso da melancia, a sementeira foi feita em agosto, a limpeza em outubro e a colheita em fevereiro (Figura 3).

4.2 Calendário sazonal para as diferentes actividades

A figura (4) mostra que o pastoreio do gado era praticado de maio a dezembro. A preparação da terra é feita de fevereiro a abril, e o cultivo de legumes é feito em novembro e dezembro. A reparação da casa era feita de janeiro a maio. A plantação de maio a julho, a monda de agosto a outubro e a colheita de novembro a janeiro, enquanto a recolha de lenha era feita durante todo o ano

Figura (3)   Tipo de culturas e calendário de chuvas dos inquiridos

Crops/ Months	1	2	3	4	5	6	7	8	9	10	11	12
Cereal crops (sorghum and millet)						S		C			H	
Cash crops (ground nut and sesame)						S		C			H	
Vegetable crops (okra, Tomato, Jews mallow…etc.				S	T			H				
Watermelon		H						S		C		
Rain												
Harvesting time												

Indicação por PRA, Fonte; 2016

S= sementeira

T= transplantação

C= limpeza

H= colheita

Figura (4)   Calendário sazonal para as diferentes actividades na área de estudo

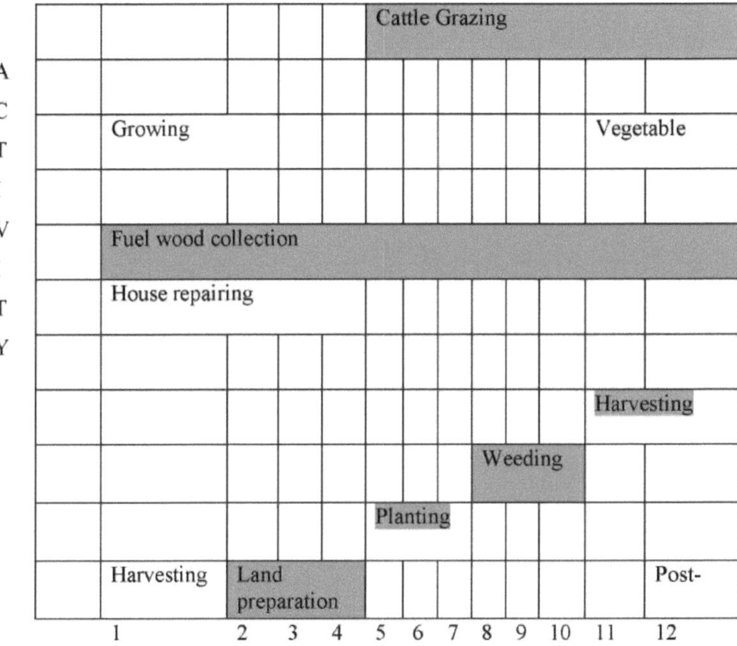

Lendas Meses

Activities done by women
Activities done by men
Activities done by both

Indicação por PRA, Fonte; 2016

4.3 Número de animais que fornecem estrume para a unidade de biogás

A associação entre o número de vacas e o desempenho da unidade de biogás (Quadro 1) mostrou que as relações não eram significativas. O mesmo foi observado para cabras e ovelhas (Tabela 2) e também para burros e cavalos (Tabela 3).

Tabela (1) Teste do qui-quadrado para a associação entre o número de vacas a que os inquiridos pertencem e o desempenho da unidade de biogás

No. of cows	Performance of biogas unit				Total	Sig.
	Excellent	very good	good and need to improve	not good		
1-4	3	2	0	1	6	
5-8	4	2	1	1	8	
9-12	1	3	2	0	6	.463
≥ 13	14	9	1	2	26	
Total	22	16	4	4	46	

$P < 0,05$ = significativo, indicando pelo teste do qui-quadrado: fonte; pesquisa de campo (2016)

Tabela (2) Teste do qui-quadrado para a associação entre o número de cabras ou ovelhas a que os inquiridos pertencem e o desempenho da unidade de biogás

No. of goats or sheep	the performance of biogas unit during last year				Total	Sig.
	Excellent	very good	good and need to improve	not good		
1-6	7	4	1	1	13	
7 – 12	5	5	1	0	11	.898
≥ 13	10	7	2	3	22	
Total	22	16	4	4	46	

$P < 0,05$ = significativo, indicado pelo teste do qui-quadrado: fonte; inquérito de campo (2016)

Tabela (3) Teste do qui-quadrado para a associação entre o número de cavalos ou burros a que os inquiridos pertencem e o desempenho da unidade de biogás

No. of horses or donkeys	performance of biogas unit				Total	Sig.
	Excellent	very good	good and need improvement	not good		
1-3	8	7	1	1	17	
≥ 4	14	9	3	3	29	.847
Total	22	16	4	4	46	

$P \leq 0,05$ = significativo, indicando pelo teste do qui-quadrado: fonte; inquérito de campo (2016)

4.4 Actividades das mulheres nas hortas

4.4.1 Produção de quiabo

A aplicação de efluentes líquidos de biogás em hortas femininas mostrou que a adição de diferentes concentrações aumentou o rendimento do quiabo em épocas sucessivas. O rendimento tonelada/hectare das vagens verdes frescas aumentou com o aumento das concentrações. Os resultados obtidos mostraram que os rendimentos foram 0,93 ton/ha, 0,98 ton/ha, 1,31 t/ha, 140 ton/ha para o controlo (0 m^3), 0,5m^3 , lm^3 , e 1,5m^3 respetivamente para a primeira estação. Na segunda época, os rendimentos obtidos foram: 0,92 ton/ha, 0,95 ton/ha, 1,26 ton/ha, e 1,38 ton/h para 0 m^3, 0,5m , lm^{33} , e 1,5m^3 respetivamente. Para o peso fresco, foram obtidas diferenças significativas tanto para a primeira ($P \leq 0,05$) quanto para a segunda ($P \leq 0,04$) estação. Não houve diferenças significativas para a altura da planta. Para o comprimento da planta não foram observadas diferenças significativas para a primeira ($P \leq 0,07$) época. Para o número de vagens por planta, foram observadas diferenças significativas apenas na primeira ($P \leq 0,05$) época (Tabela 4)

Tabela (4)   Resultados da produção de quiabo em duas épocas (2014/2015 e 2015/2016)

Treatment	Fruit fresh weight (ton/ha)		Fruit length (cm)		Plant Height (cm)		No. of Fruits per plant	
	Season 1	Season 2	Season 1	Season 2	Season 1	Season2	Seaso n1	Season2
0 m^3	0.93	0.92	5.33	5.33	66.67	64.3	1.02	1.02
0.5m^3	0.98	0.95	6.33	5.67	66.33	68.00	1.25	1.25
1m^3	1.31	1.26	9.00	8.00	74.33	71.00	1.88	1.48
1.5m^3	1.40	1.38	7.67	8.33	83.33	80.33	2.06	1.95
Mean	1.16	1.13	7.08	6.83	72.67	70.92	1.55	1.43
P-value	0.05	0.04	0.07	0.11	0.28	0.34	0.05	0.21
±SE	0.11	0.09	0.79	0.88	5.47	5.84	0.23	0.28
LSD 5%	0.37	0.34	2.7458	3.033	18.945	20.213	0.79	0.9574
CV%	15.84	15.27	19.40	22.22	13.05	14.27	25.47	33.61

P ≤ 0,05 Significativo, indicando por Statistix8, fonte; pesquisa de campo (2016)

As interacções entre tratamento e estações para os diferentes parâmetros medidos mostraram que houve uma interação significativa entre tratamentos e estações ($P \leq 0{,}05$) (Quadro 5).

Tabela (5)   Interação da estação e do tratamento na produção de quiabo

		Pod fresh weight (t/ha)		Plant length (cm)		Number of pods/plant		Plant height (cm)	
Seasons	1st season	1.158		7.083		2		72.667	
	2nd season	1.127		6.833		1		70.917	
Treatments	Control	0.925		5.333		1		65.500	
	1000 ml	0.964		6.000		1		67.167	
	2000 ml	1.285		7.833		2		72.667	
	3000 ml	1.394		7.833		2		81.833	
Season × treatment	Season1 x Control	0.935		5.333		1		66.667	
	Season1 x 0.5m^3	0.984		6.333		1		66.333	
	Season1 x 1m^3	1.307		7.667		2		74.333	
	Season1 x 1.5m^3	1.405		9.000		2		83.333	
	Season2 x Control	0.915		5.333		1		64.333	
	Season2 x 0.5m^3	0.945		5.667		1		68.000	
	Season2 x 1m^3	1.264		8.000		1		71.000	
	Season2 x 1.5m^3	1.383		8.333		2		80.333	
F value	Treatment seasons	10.28	0.53	6.90	0.22	6.02	1.63	3.38	0.27
P value	Treatment seasons	0.00**	-	0.01*	-	0.01*	0.27	0.05*	-

$P \leq 0,05$ Significativo, indicando por MSTATC, Análise combinada, fonte; pesquisa de campo (2016)

4.4.2 Produção de malvas judaicas

O peso fresco da malva-judia embora tenha diminuído com a primeira concentração em comparação com o controlo, mas aumentou significativamente com o aumento da concentração de efluentes de biogás para a primeira ($P \leq 0,064$) e segunda época ($P \leq 0,024$). Aumentos significativos também foram observados para a altura da planta para a primeira ($P \leq 0,025$) e segunda temporada ($P \leq 0,038$). No entanto, para o número de folhas por planta foi significativo apenas na segunda época ($P\leq 0,058$), a área de superfície foliar foi significativa para a primeira ($P\leq 0,003$) e segunda época ($P\leq 0,019$) (Tabela 6).

Tabela (6) Resultados da malva-japonesa para duas épocas (2014/2015 e 2015/2016)

Treatment	Fruit fresh weight (ton/ha)		Plant height (cm)		Number of leafs per plant		Leaf surface area (cm)	
	Season1	Season2	Season1	Season2	Season1	Season2	Season1	Season2
$0\ m^3$	14.11	13.15	53.00	51.00	18.67	20.00	3.567	3.267
$0.5m^3$	13.89	12.85	51.33	47.67	18.33	18.67	3.967	3.567
$1m^3$	17.37	15.57	57.00	57.67	20.00	22.33	4.767	3.733
$1.5m^3$	21.62	21.06	62.67	62.67	25.33	23.67	4.067	4.300
Mean	16.75	15.66	56.00	54.75	20.58	21.17	4.092	3.717
P-value	0.064	0.024*	0.025*	0.038*	0.058*	0.229	0.003**	0.019*
±SE	1.766	1.472	1.969	2.872	1.552	1.630	0.121	0.159
LSD 5%	6.1116	5.095	6.816	9.939	5.3692	5.6411	0.419	0.552
CV%	18.27	16.29	6.09	9.09	13.06	13.34	5.14	7.44

P ≤ 0,05 Significativo, indicando por Statistix8, fonte; pesquisa de campo (2016)

As interacções entre tratamentos e estações para os diferentes parâmetros medidos mostraram que houve uma forte interação entre tratamentos para duas estações ($P\leq 0,05$) (Quadro 7).

Quadro (7) Análise combinada da estação, do tratamento e da interação estação vs. tratamento na produção de malva-judia

		fresh weight (t/ha)		Leave area (cm)		Number of L/p		Plant height (cm)	
Seasons	1st season	16.745		4.092		21		56.000	
	2nd season	15.657		3.717		21		54.750	
Treatments	Control	13.627		3.417		19		52.000	
	1000 ml	13.369		3.767		19		49.500	
	2000 ml	16.468		3.900		21		57.333	
	3000 ml	21.341		4.533		24		62.667	
Season ×	Season1 x Control	14.108		3.567		19		53.000	
treatment	Season1 x 0.5m^3	13.890		3.967		18		51.333	
	Season1 x 1m^3	17.367		4.067		20		57.000	
	Season1 x 1.5m^3	21.617		4.767		25		62.667	
	Season2 x Control	13.145		3.267		20		51.000	
	Season2 x 0.5m^3	12.848		3.567		19		47.667	
	Season2 x 1m^3	15.570		3.733		22		57.667	
	Season2 x 1.5m^3	21.064		4.300		24		62.667	
F value	treatment Seasons	10.3	0.14	21.6	2.03	5.59	0.10	11.3	0.03
P value	treatment Seasons	0.00**	-	0.00**	0.23	0.01*	-	0.00**	-

$P \leq 0{,}05$ Significativo, indicando por MSTATC, Análise combinada, fonte; pesquisa de campo (2016)

4.5 Perceção do rendimento dos produtos hortícolas

84.8 % dos inquiridos indicaram que o rendimento dos seus produtos hortícolas melhorou devido à utilização do subproduto do biogás, enquanto 15,2% disseram que o seu rendimento não melhorou (Figura 5). O teste do qui-quadrado mostrou uma forte associação entre o aumento da produção de hortaliças e o uso da tecnologia do biogás (Tabela 8)

84.9 Oportunidades de fontes de rendimento adicionais

Os resultados da Figura (6) mostraram que 39,1% dos inquiridos afirmaram que a unidade de biogás oferecia uma fonte de rendimento adicional, como a venda de legumes excedentários e de subprodutos do biogás como fertilizantes. 50% podiam poupar dinheiro e 10,9% vendiam os excedentes de produtos hortícolas.

84.10 Poupança de dinheiro na produção de legumes por mês

Os resultados obtidos na Figura (7) revelaram que 13% dos inquiridos pouparam <100 SDG por mês devido à venda de vegetais excedentes, 37% pouparam entre 101 - 150 SDG, 34,8% pouparam entre 151 -200 SDG, 8,7% pouparam entre 201 - 250 SDG e 6,5% pouparam≥ 251 SDG.

84.11 Classificação por pares da necessidade de uma horta doméstica

A classificação por pares permite assegurar que, para que as hortas caseiras sejam bem sucedidas, a formação deve vir em primeiro lugar, seguida de sementes melhoradas, peças sobressalentes para biogás, insecticidas e, finalmente, ferramentas agrícolas (Figura 8).

Figura (5) Distribuição dos inquiridos de acordo com o rendimento dos produtos hortícolas em resultado da utilização do subproduto do biogás

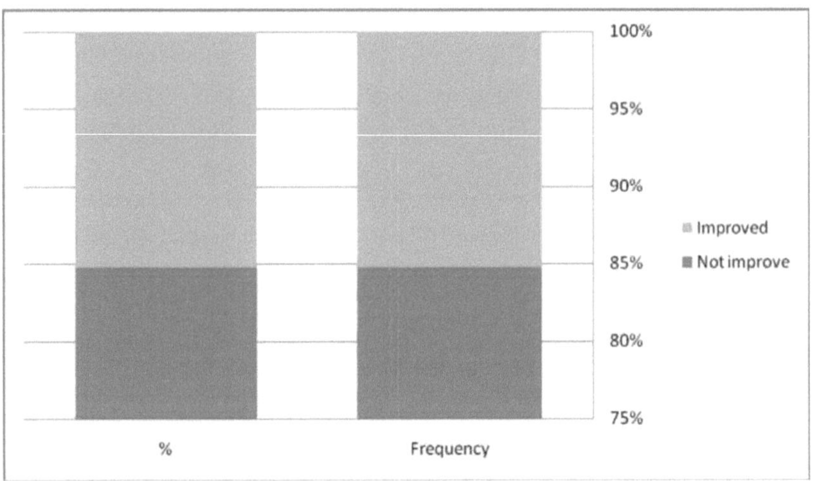

indicando a folha de Excel, Fonte; inquérito no terreno 2016

Quadro (8) Teste do qui-quadrado para a associação entre o aumento do rendimento dos produtos hortícolas e a utilização da tecnologia do biogás

	using of biogas technology		Total	Sig.
improving vegetable yield	Yes	No		
Improved	35	4	39	.027
Not improved	4	3	7	
Total	39	7	46	

P< 0,05 = significativo, indicado pelo teste do qui-quadrado: fonte; inquérito de campo (2016)

Quadro (9) Teste do qui-quadrado para a associação entre o aumento do rendimento dos produtos hortícolas e a utilização da tecnologia do biogás

	using of biogas technology		Total	Sig.
improving vegetable yield	Yes	No		
Improved	35	4	39	.027
Not improved	4	3	7	
Total	39	7	46	

P≤ 0,05 = significativo, indicando pelo teste do qui-quadrado: fonte; inquérito de campo (2016)

Figura (6) Oportunidades de fontes de rendimento adicionais oferecidas pela utilização de unidades de biogás

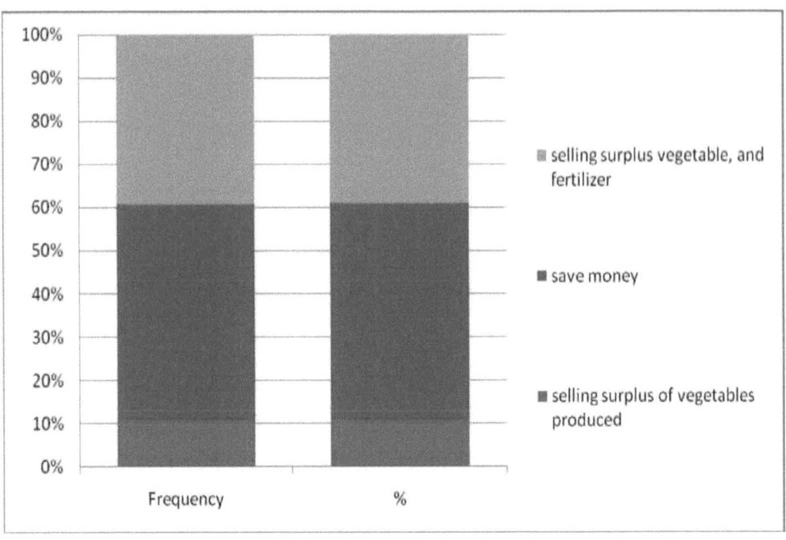

indicando a folha de Excel, Fonte; inquérito no terreno 2016

Figura (7) Poupança de dinheiro com a produção de legumes por mês

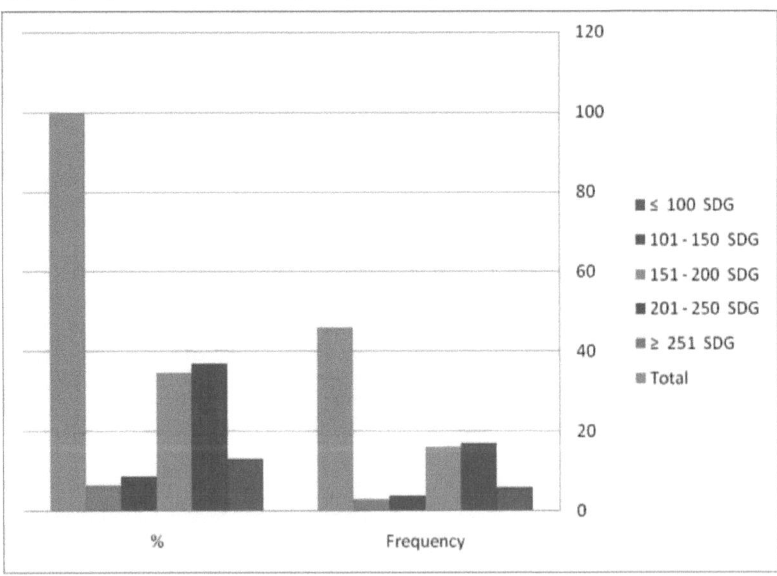

indicando a folha de Excel, Fonte; inquérito no terreno 2016

Figura (8) Classificação par a par da necessidade de uma horta doméstica

	Type	1	2	3	4	5	6	Score	Ranking
A	Improving seeds	E	B	B	B	D	B	6	2
B	Biogas Spare-part	A	E	A	E	B	E	5	3
C	Garden tools	C	A	E	A	A	A	2	5
D	Insecticides			D	D	E	C	4	4
E	Training						D	6+	1

Indicação de PRA, fonte; investigação no terreno 2016

Capítulo 5

Discussão e recomendações

5.1 Mulheres jardineiras

A melhoria da resiliência das mulheres à variabilidade climática é sugerida como estratégia de adaptação. Os efeitos das alterações e da variabilidade climáticas afectam as fontes de subsistência das comunidades rurais (Ketlhoilwe, 2013) e têm implicações para a sustentabilidade destas actividades, que afectarão as mulheres e os homens de forma diferente, afectando o controlo sobre os seus meios de subsistência e a segurança alimentar (Buechler, 2009). As atenções centram-se na sustentabilidade das actividades agrícolas geradoras de rendimentos no Sudão, como a agricultura e as empresas de transformação caseira de frutas e legumes, que ainda predominam na região. As hortas femininas, conhecidas localmente como Jubraka, são uma atividade muito difundida entre as mulheres da zona. Devido à desflorestação e à degradação dos solos, a produção de legumes foi drasticamente afetada. A utilização de efluentes de biogás como fertilizante foi aplicada para melhorar o rendimento dos legumes.

A experimentação com a horta das mulheres mostrou que o aumento das concentrações de efluentes de biogás como fertilizante melhorou significativamente o rendimento do quiabo, o que foi particularmente verdadeiro para o peso fresco das vagens na primeira estação. No entanto, as interacções entre as estações e os tratamentos foram significativas para todos os parâmetros das plantas. Para a malva-japonesa, todos os parâmetros foram significativamente melhorados nas duas estações e o mesmo foi observado para as interacções entre as estações e os tratamentos.

A maioria das mulheres admitiu que a produção de hortaliças melhorou. O teste do qui-quadrado para a associação entre a melhoria do rendimento dos produtos hortícolas e a utilização da tecnologia do biogás foi significativo, uma vez que este facto pode ser atribuído à utilização do efluente do biogás como fertilizante. Do mesmo modo, foi salientado que a utilização do biogás tem o potencial de melhorar a qualidade de vida nas zonas rurais através da redução do trabalho pesado das mulheres e das crianças, da redução do fumo no interior das habitações, da melhoria do saneamento e da melhoria da iluminação (Amigun e Blottnitz, 2010).

5.2 Conclusão

São muitos os factores bióticos e bióticos que ameaçam a biodiversidade florestal na região do Cordofão. Os mais importantes são: a seca, os factores relacionados com o solo, os incêndios, o sobrepastoreio, a expansão das culturas, o corte ilegal de madeira para fins domésticos e a falta de sensibilização para os problemas da desflorestação. As consequências foram o fracasso da produção agrícola, a infestação de pragas, a venda de bens e a migração

A aplicação de efluentes de biogás na horta das mulheres como fertilizante melhorou a produção de vegetais e o rendimento familiar.

5.3 Recomendações

1. O aumento da resiliência das mulheres às condições ambientais variáveis é frequentemente recomendado como estratégia de adaptação às alterações climáticas. Para o conseguir de forma eficaz, é necessário começar por compreender os factores que determinam a resiliência das mulheres e a sua importância relativa na formação da capacidade das mulheres para se adaptarem às complexidades das alterações ambientais.

2. Para ajudar a atenuar os efeitos negativos das alterações climáticas, é necessário compreender melhor as atitudes e os comportamentos da comunidade. Deve ser incentivada a sustentabilidade das actividades agrícolas geradoras de rendimentos no Sudão, tais como a agricultura e as empresas de transformação caseira de frutas e legumes.

Referências

Abbasi, T., Tauseef, S.M. & Abbasi, S.A., 2012. Biogás e energia do biogás: An Introduction. Em *Biogas Energy*. pp. 1-10.

Agricultura, W.I.N., 1975. *O estado da alimentação e da agricultura, 1974..*,

Ahmad, M. et al., 2007. ROLE OF WOMEN IN VEGETABLE PRODUCTION : A CASE STUDY OF FOUR SELECTED VILLAGES OF DISTICT ABBOTTABAD O rendimento pode ser definido como o valor monetário total dos serviços recebidos por um indivíduo de todas as fontes. Para o efeito, a distribuição profissional do rendimento, 23(4).

Aitken, S.N. et al., 2008. Adaptação, migração ou extirpação: resultados das alterações climáticas para as populações de árvores. *EvolutionaryApplications*, 1, pp.95-111.

Alexander, A.C. & Welzel, C., 2007. What is the Evidence on Effectiveness ofEmpowerment to Improve ealth ? Na *reunião anual da Associação de Ciência Política do Centro-Oeste*. pp. 1-40.

Ali, A.D., 2004. Projeto de Controlo do Cordofão Ocidental (Sudão), p.96.

Ali, R., 2014. Empoderamento para além da resistência: Formas culturais de negociação das relações de poder. *Fórum Internacional de Estudos sobre a Mulher*, 45, pp.119-126.

Alonso-almeida, M.M., 2014. Women a€™ s Studies International Forum Women (and mothers) in the workforce : Worldwide factors. Fórum Internacional de *Estudos sobre a Mulher*, 44, pp.164-171.

Alston, M. et al., 2014. Women a€™ s Studies International Forum Are climate challenges reinforcing child and forced marriage and dowry as adaptation strategies in the context of Bangladesh ? *Fórum Internacional de Estudos sobre a Mulher*, 47, pp.137-144.

Anon, 2014. Horta caseira no Kentucky. , (46).

Arch, R., 2012. Índice de Empoderamento das Mulheres na Agricultura. *Agricultura*, p.12.

Arthur, R., Baidoo, M.F. & Antwi, E., 2011. O biogás como potencial fonte de energia renovável: A Ghanaian case study. *Renewable Energy*, 36, pp.1510-1516.

Awad, B. et al., 2010. Biodiversidade florestal na região do Cordofão, Sudão: Efeitos das alterações climáticas, pragas, doenças e actividades humanas, (43).

Awono, A., Ndoye, O. & Preece, L., 2010. Empowering Women ' S Capacity for Improved Livelihoods in Non-Timber Forest Product Trade in Cameroon (Capacitação da capacidade das mulheres para melhorar os meios de subsistência no comércio de produtos florestais não madeireiros nos Camarões). *Revista Internacional de Silvicultura Social*, 3(2), pp.151-163.

Babiker, H.I.O., 2012. Sem título. In *Impacto das alterações climáticas nos pequenos agricultores em condições de sequeiro nas localidades de EL-Damazine e AT-Tamadon, Estado do Nilo Azul*. p. 126.

Barnett, J. & Adger, W.N., 2007. Climate change, human security and violent conflict (Alterações climáticas, segurança humana e conflitos violentos). *Political Geography*, 26, pp.639-655.

Beddington, J.R. et al., 2012. O papel dos cientistas na luta contra a insegurança alimentar e as alterações climáticas. *Agriculture & Food Security*, 1, p.10.

Bell, G. & Collins, S., 2008. Adaptação, extinção e alterações globais. *Evolutionary Applications*, 1, pp.3-16.

Berkes, F. & Jolly, D., 2002. Adaptação às alterações climáticas: Social-ecological resilience in a Canadian western arctic community. *Ecologia e Sociedade*, 5.

Berkhout, F., Hertin, J. & Gann, D.M., 2006. Aprender a adaptar-se: Adaptação organizacional aos impactes das alterações climáticas. *Climatic Change*, 78, pp.135-156.

Borjesson, M. & Ahlgren, E.O., 2012. Cost-effective biogas utilisation - A modelling assessment of gas infrastructural options in a regional energy system. *Energia*, 48, pp.212-226.

Buechler, S., 2009. Gender, water, and climate change in Sonora, Mexico: implications for policies and programmes on agricultural income-generation. *Gender & Development*, 17, pp.51-66.

Campbell, B.M. et al., 2002. *Household Livelihoods in Semi-Arid Regions :*,

Cannon, T., 2002. Gender and climate hazards in Bangladesh (Género e riscos climáticos no Bangladesh). *Gender & Development*, 10, pp.45-50.

Carter, J. et al., 2014. Aprender sobre o empoderamento das mulheres no contexto de projectos de desenvolvimento: será que os números nos dizem o suficiente? *Género e Desenvolvimento*, 22(2), pp.327-349.

Change, C., 2010. Sobre as alterações climáticas. *Saúde Ambiental*, 5, p.80.

Chen, Y. et al., 2010. Utilização do biogás doméstico na China rural: A study of opportunities and constraints. *Renewable and Sustainable Energy Reviews*, 14, pp.545-549.

Chindarkar, N., 2012. Género e migração induzida pelas alterações climáticas: proposta de um quadro de análise. *Environmental Research Letters*, 7, p.25601.

Dahal, S., 2013. Women a€™ s Studies International Forum Power, empowerment and community radio : Media by and for women in Nepal. *Fórum Internacional de Estudos sobre a Mulher*, 40, pp.44-55.

Dankelman, I. et al., 2008. Gender, Climate Change and Human Security Lessons from Bangladesh , Ghana and Senegal Prepared for ELIAMEP. *Desenvolvimento Sustentável*, 50, pp.1-73.

Deng, Y. et al., 2014. O biogás como fonte de energia sustentável na China: Aplicação da estratégia de desenvolvimento regional e tomada de decisões. *Renewable and Sustainable Energy Reviews*, 35, pp.294-303.

Dermol, V. & Cater, T., 2013. A influência da formação e dos factores de transferência da formação na aprendizagem e no desempenho organizacionais. *Personnel Review*, 42(3), pp.324-348.

Djalante, R. & Thomalla, F., 2011. Community Resilience to Natural Hazards and Climate Change: A Review ofDefinitions and Operational Frameworks. *Asian Journal of Environment and Disaster Management (AJEDM) - Focusing on Pro-Active Risk Reduction in Asia*, 3, p.339.

Djatkov, D. et al., 2012. Novo método para avaliar o desempenho de centrais de biogás agrícolas. *Renewable Energy*, 40, pp.104-112.

El, S. & Muneer, T., 2008. Factores que afectam a adoção do sistema agrícola agroflorestal como meio de desenvolvimento agrícola sustentável e de conservação do ambiente nas zonas áridas do Estado do Kordofan do Norte, Sudão. *Jornal de Ciências Biológicas*, 15, pp.137145.

Eltahir, M.E.S. et al., 2015. Regeneração escassa de Baobá (Adansonia digitata) no Estado de Kordofan Ocidental, Sudão, 3(6), pp.206-212.

Jardineiros, H., 2010. A horta, p.64.

Gautam, R., Baral, S. & Herat, S., 2009. O biogás como fonte de energia sustentável no Nepal: Present status and future challenges. *Renewable and Sustainable Energy Reviews*, 13, pp.248-252.

Girvetz, E.H. et al., 2009. Análise aplicada das alterações climáticas: The climate Wizard tool. *PLoS ONE*, 4.

Gwavuya, S.G. et al., 2012. Economia da energia doméstica na Etiópia rural: A cost-benefit

análise da energia do biogás. *Renewable Energy*, 48, pp.202-209.

Hansen, J., Sato, M. & Ruedy, R., 2012. Perceção das alterações climáticas. *Actas da Academia Nacional de Ciências dos Estados Unidos da América*, 109, pp.E2415-23.

Hassan, Z., 2008. Women Leadership and Community Development (Liderança Feminina e Desenvolvimento Comunitário). *Revista Europeia de Investigação Científica*, 23, pp.361-372.

Hausmann, R. & Tyson, L.D., 2010. *Relatório sobre as disparidades globais entre homens e mulheres*,

Hemmati, M. & Rohr, U., 2009. Engendering the climate-change negotiations: experiences, challenges, and steps forward. *Género e Desenvolvimento*, 17, pp.19-32.

Henry, H.M., 2011. Women a€™ s Studies International Forum Egyptian women and empowerment: A cultural perspective. *Fórum Internacional de Estudos sobre as Mulheres*, 34(3), pp.251-259.

Hjort-gregersen, K., 2008. Biogas from Animal Waste and Organic Industrial Waste Biogas Plants in Denmark 1973 - 2008. , p.46.

Hum, K.E.Y. & Issues, A., 2015. precisa de uma visão geral., (outubro de 2014), pp.1-16.

Huq, A. & Moyeen, A., 2011. Women a€™ s Studies International Forum Integração do género em programas de desenvolvimento empresarial. *Fórum Internacional de Estudos sobre as Mulheres*, 34(4), pp.320-328.

Ishag, I.A., 2013. Efeito do estágio de maturidade da planta na digestibilidade e distância percorrida para seleção de dieta por cabra no estado de Kordofan do Norte, Sudão. 13 (13).

Jaidev, U.P. & Chirayath, S., 2012. Atividades pré-treinamento, durante o treinamento e pós-treinamento como preditores de transferência de treinamento. *The IUP Journal ofManagement Research*, 11(4),pp.54-71.

Kabadaki, K., 1994. Rural African women and development. *Social development issues*, 16, pp.23-35.

Karagiannidis, A. & Perkoulidis, G., 2011. Anaerobic Digestion and Biogas Utilization in Greece : Current Status and Perspectives, pp.215-228.

Kariuki, J. et al., Women , Livestock Ownership and Food Security (Mulheres, posse de gado e segurança alimentar).

Ketlhoilwe, M.J., 2013. Melhorar a resiliência para proteger as mulheres contra os efeitos adversos das alterações climáticas. *Clima e Desenvolvimento*, 5, pp.153-159.

Khan, A.et al., 2009. Eficácia das parcelas de demonstração como método de extensão adotado pelo AKRSP para a divulgação de tecnologias agrícolas no distrito de Chitral. *Sarhad Journal of Agriculture*, 25(2), pp.313-320.

Khan, M.S.M. & Kaneesamkandi, Z., 2013. Resíduos biodegradáveis para biogás: Renewable energy option for the Kingdom of Saudi Arabia (Opção de energia renovável para o Reino da Arábia Saudita). *International Journal of Innovation and AppliedStudies*, 4, pp.101-113.

Khan, N., Rehman, A. & Fellow, P., 2009. VEGETABLE REVOLUTION AND RURAL SUSTAINABLE DEVELOPMENT : A CASE STUDY, pp.177-188.

Koottatep, S., Ompont, M. & Hwa, T.J., 2005. GP Option for Community Development, (Asian Productivity Organization), p.114.

Lin, B.B., 2011. Resiliência na agricultura através da diversificação de culturas: Adaptive Management for Environmental Change. *BioScience*, 61, pp.183-193.

Meena, R., 1992. As mulheres e o desenvolvimento sustentável. *SouthernAfricapolitical & Economic Monthly*, 5, pp.38-41.

Mohammad, A., Taher, A. & Nury, S., 2013. Women a€™ s Studies International Forum An assessment of attitude towards equitable gender norms among Muslim women in

Bangladesh. *Women's Studies International Forum*, 40, pp.102-110.

Nazneen, S. & Sultan, M., 2014. Women a€™ s Studies International Forum Positionality and transformative knowledge in conducting " feminist " research on empowerment in Bangladesh. *Fórum Internacional de Estudos sobre a Mulher*, 45, pp.63-71.

Nelson, D.R., Adger, W.N. & Brown, K., 2007. Adaptação às alterações ambientais: Contribuições de um Quadro de Resiliência. *Annual Review ofEnvironment and Resources*, 32, pp.395-419.

O'Brien, G. et al., 2006. Climate change and disaster management (Alterações climáticas e gestão de catástrofes). *Disasters*, 30, pp.64-80.

Parawira, W., 2009. Tecnologia do biogás na África Subsariana: Status, prospects and constraints. *Revisões em Ciência Ambiental e Biotecnologia*, 8, pp.187-200.

Pereznieto, P. et al., 2014. A review of approaches and methods to measure economic empowerment of women and girls Uma revisão das abordagens e métodos para medir o empoderamento económico das mulheres e raparigas, (novembro), pp.37-41.

Petersson, A., 2013. *Biogas cleaning*, Woodhead Publishing Limited.

Poeschl, M., Ward, S. & Owende, P., 2012. Environmental impacts ofbiogas deployment - Part II: Life Cycle Assessment of multiple production and utilization pathways. *Journal ofCleaner Production*, 24, pp.184-201.

Preet, R. et al., 2010. A perspetiva de género nas alterações climáticas e na saúde mundial. *Global health action*, 3.

Rajesh, S. et al., 2014. Avaliação da vulnerabilidade inerente das comunidades rurais aos riscos ambientais na região de Kimsar, em Uttarakhand, Índia. *Desenvolvimento Ambiental*, 12, pp.16-36.

Rositah, E., 2006. Pobreza nas comunidades florestais rurais e sua gestão: um estudo de caso no Distrito de Malinau. ,p.8.

Sagagi, B., Garba, B. & Usman, N., 2010. Estudos sobre a produção de biogás a partir de resíduos de frutas e vegetais. *Bayero Journal ofPure andAppliedSciences*, 2.

Salih, M., Khaleel, S. & Ahmed, E.M., 2014. Impacts of Oil Exploration on the Livelihoods of agropastoralists in Western Kordofan State-Sudan, 19(1), pp.120-126.

Scannell, L. & Gifford, R., 2011. Personally Relevant Climate Change: The Role ofPlace Attachment and Local Versus Global Message Framing in Engagement. *Environment and Behavior*.

Scholz, M., Melin, T. & Wessling, M., 2013. Transformando biogás em biometano usando tecnologia de membrana. *Renewable and Sustainable Energy Reviews*, 17, pp.199-212.

Shea, G.A., Francisca, I. & Andaryati, A., 2005. Gender and climate change in Indonesia. *Carbonforestry: who will benefit? Actas do Workshop sobre sequestro de carbono e meios de subsistência sustentáveis realizado em Bogor, Indonésia, 16-17 de fevereiro de 2005*, pp.176196.

Sherwood, L., 2012. Women at a Crossroads: Sudanese Women and Political Transformation. *Journal of International Women's Studies*, 13, pp.77-90.

Smit, B. & Skinner, M.W., 2002. Adaptation Options in Agriculture To Climate Change: a. *Mitigation andAdaptation Strategies for Global Change*, 7, pp.85-114.

Smith Barry & Olga, P., 2001. Adaptation to Climate Change in the Context of Sustainable Development and Equity (Adaptação às alterações climáticas no contexto do desenvolvimento sustentável e da equidade). Em *Climate Change 2001. Impacts, Adaptations and Vulnerability,* pp. 879-906.

Swai, O., Mbwambo, J. & Magayane, F., 2012. Género e perceção das alterações climáticas nos distritos de Bahi e Kondoa, região de Dodoma, Tanzânia. *Jornal de Estudos Africanos e Desenvolvimento*, 4, pp.218-231.

Taylor, C.I., Hassan, M.G. & Ali, S.F., 2010. Sistemas portáteis integrados de biogás para a gestão de resíduos orgânicos. In *4th WSEASInternational Conference on EnergyPlanning, Energy Saving, Environmental Education, EPESE'10, 4th WSEASInternational Conference onRenewable Energy Sources, RES 10)*. pp. 130-138.

Taylor, P. & Moser, B.R., 2014. alternative to diesel fuel, (julho), pp.37-41.

Trent, L. et al., 2007. Panorama histórico da ciência das alterações climáticas. Em *Terra*. pp. 93-127.

ONU, O. da R. e H.C. do S., 2003. Starbase - Base de dados sobre a transição e a recuperação do Sudão - Estado do Cordofão Ocidental.pdf. ,p.18.

Vijayavenkataraman, S., Iniyan, S. & Goic, R., 2012. A review of climate change, mitigation and adaptation [Uma revisão das alterações climáticas, mitigação e adaptação]. *Renewable and Sustainable Energy Reviews*, 16, pp.878-897.

Westerfield, R., 2008. Cultivo de quiabo na horta doméstica.

Wheeler, T. & von Brann, J., 2013. Impactos das alterações climáticas na segurança alimentar mundial. *Science (Nova Iorque, N.Y.)*, 341, pp.508-13.

Wirth, R. et al., 2012. Caracterização de uma comunidade microbiana produtora de biogás por sequenciamento de DNA de próxima geração de shortread. *Biotecnologia para Biocombustíveis*, 5, p.41.

Wossen, T. et al., 2014. Variabilidade climática, risco de consumo e pobreza no norte semi-árido do Gana: Adaptation options forpoor farm households. *Desenvolvimento Ambiental*, 12, pp.2-15.

Apêndices

Tecnologia do biogás

Experimentação com a horta das mulheres

Malva-judia

Quiabo

Algumas pragas e doenças atacaram as hortas das mulheres

I want morebooks!

Buy your books fast and straightforward online - at one of world's fastest growing online book stores! Environmentally sound due to Print-on-Demand technologies.

Buy your books online at
www.morebooks.shop

Compre os seus livros mais rápido e diretamente na internet, em uma das livrarias on-line com o maior crescimento no mundo! Produção que protege o meio ambiente através das tecnologias de impressão sob demanda.

Compre os seus livros on-line em
www.morebooks.shop

info@omniscriptum.com
www.omniscriptum.com